电力安全生产培训教材

电业安全工作规程

—— 十个规定动作

许庆海 编

U0245984

中国电力出版社
CHINA ELECTRIC POWER PRESS

内 容 提 要

本书主要依据《电业安全工作规程（电力线路部分）》说明"十个规定动作"的具体内容。其内容包括两票（凭票工作、凭票操作）、三宝（戴安全帽、穿工作服、系安全带）、四措（停电、验电、接地、挂牌装遮拦）、一交底（现场交底）共十项内容。其中每一个"动作"都紧密联系、相互关联，共同筑起了保证安全的屏障。

本书除作为新入职企业员工培训教材外，也可作为生产班组职工的安全和技术培训用书。

图书在版编目（CIP）数据

电业安全工作规程：十个规定动作／许庆海编. — 北京：中国电力出版社，2015. 12（2020.12重印）

电力安全生产培训教材

ISBN 978-7-5123-8109-4

Ⅰ．①电… Ⅱ．①许… Ⅲ．①电力工业–安全规程–安全培训–教材 Ⅳ．①TM08-65

中国版本图书馆CIP数据核字（2015）第 173828 号

中国电力出版社出版、发行

（北京市东城区北京站西街 19 号 100005 http://www.cepp.sgcc.com.cn）

北京瑞禾彩色印刷有限公司印刷

各地新华书店经售

*

2015 年 12 月第一版 2020 年 12 月北京第八次印刷

880 毫米 × 1230 毫米 32 开本 3.25 印张 78 千字

印数29501—34500册 定价 **21.00** 元

　　"十个规定动作"是从 DL 409—1991《电业安全工作规程（电力线路部分）》中提炼出的"精髓"，是防止人身事故、保证电力安全生产的有效手段之一。为进一步增强配网生产一线员工的安全意识，杜绝人身伤亡事故和恶性误操作事故，编写了《电业安全工作规程——十个规定动作》培训教材，使员工通过"十个规定动作"的培训，掌握十个规定动作的内涵和要点，纠正现场作业人员错误行为。

　　本教材主要依据《电业安全工作规程（电力线路部分）》说明"十个规定动作"的具体内容。其内容包括两票（凭票工作、凭票操作）、三宝（戴安全帽、穿工作服、系安全带）、四措（停电、验电、接地、挂牌装遮栏）、一交底（现场交底）共十项内容。其中每一个"动作"都联系紧密、相互关联，共同筑起了保证安全的屏障。"两票"是保证安全的组织措施，"四措"是保证安全的技术措施，"两票"是"四措"的书面依据 。"三宝"是保证安全的个人防护品。"一交底"是作业前对"两票"、"四措"和"三宝"的回顾和交代，通过交底使参与作业的人员对怎样保证安全做到心中有数。另外书中最后一章还附有练习活动，通过选择一个线路检修工作任务和电气操作任务为背景，让学员在工作过程和电气操作过程中，真正达到对"十个规定动作"的正确理解和掌握，深刻的体会在生产过程中正确的执行"十个规定动作"对确保人身和设备安全的重要性。

　　本教材配有大量的图片辅助说明，把"十个规定动作"的关键点生动的表现出来，通俗易懂。本书除作为新入职企业员工培训教材外，也可作为生产班组职工的安全和技术培训用书。

全书由广东电网有限责任公司教育培训评价中心许庆海编写，由于编者水平所限，编写时间较匆忙，如有错误或不足之处，敬请各位培训教师和学员批评指正。

编　者

2015 年 3 月

▶▶▶ 目 录

前言

第一章　两　票

第一节　凭　票　工　作

一、基础知识

电气工作票是指在已经投入运行的电气设备上及电气场所工作时，明确工作人员、交待工作任务和工作内容，实施安全技术措施，履行工作许可、工作监护、工作间断、转移和终结的书面依据。

凭票工作是保证安全的组织措施之一，运用组织机构和人员设置，通过多人在不同工作环节履行各自安全职责，层层把关来保证工作安全。

二、凭票工作的工作要点

要点1　该凭票工作的必须凭票

1. 凭票工作就是要"严管口头和电话命令"。

2. 在配电线路、设备及电气场所工作时，必须使用工作票，或采用口头、电话命令执行。

3. 必须办理工作票的工作：除了工作票管理规定中可以采用口头命令的工作外，在配电线路、设备及电气场所工作必须办理工作票，严禁无票工作。

4. 可采用口头命令的工作：事故抢修、紧急缺陷处理（设备在8h内无法恢复的，则应办理工作票），测量接地电阻、涂写杆塔号、悬挂警告牌、修剪树枝节、检查杆根地锚、打绑桩、杆塔基础上的工作，巡视可以采用口头或电话命令方式执行，但在工作前必须履行许可手续。

要点2 按规定做好 15 个环节

工作票是保证安全的组织措施，必须做好工作票管理流程的各个环节，才能使工作票真正发挥保证安全的作用，其中关键是"严管工作票的正确性，严管安全措施正确、完整执行"。

管理流程	说　明	图　示
选定工作负责人	班组或主管部门依据工作计划或命令，根据具体工作情况确定熟识设备及了解现场情况的人员担任该项工作负责人	
对工作负责人交底	确定工作负责人后，应对工作负责人进行安全技术措施交底，明确工作任务、工作地点和工作要求的安全措施，必要时应实地观察。工作负责人根据工作任务的要求，确定工作班人员。 外单位进入电网作业前，运行部门应对施工单位进行有关的安全技术措施交底，填写《安全技术交底单》，完成书面签名手续，并作为附件与工作票一起使用	
选用工作票	工作负责人根据工作任务、工作地点和工作要求的安全措施等情况选用办理工作票。影响一次设备运行方式的工作，即不管一次设备原来在什么应用状态，凡是造成一次设备不能投入运行的工作必须填用第一种工作票。不影响一次设备运行方式的工作，即不管一次设备原来在什么应用状态，凡是不造成一次设备不能投入运行的工作必须填用第二种工作票	

管理流程	说　明	图　示
填写工作票	工作票由工作负责人填写，提出正确、完备的安全措施。填写工作票应对照接线图或模拟图板，与现场设备的名称和编号相符合，并使用双重编号	
签发人审核	工作票签发人应认真审核工作票，审核工作必要性、所填安全措施是否正确完备、工作班人员是否适当和足够，满足要求后方可签发工作票。 外单位人员担任工作负责人在配电运行单位负责运行管理的设备上工作需办理工作票时，或用户设备停电检修需配电运行单位配合做停电、接地等安全措施的，应使用运行单位的工作票，工作票实行双签发	
送票	工作票签发后，属计划工作的第一种工作票和需要退出重合闸的第二种工作票提前一天送交许可部门；属临时工作的，可在工作前送至许可部门	
许可人许可	工作许可人对工作必要性及工作票所列安全措施进行认真审核，组织完成许可范围内安全措施后，对工作负责人进行安全技术交底，交代工作地点应注意的带电部位、运行设备及其他注意事项，办理许可手续。一个工作负责人在同一工作时间内只能发给一张工作票	
现场交底	工作负责人收到许可工作的命令后，在工作开始前，必须对工作班成员进行现场交底，交底内容包括工作任务、安全措施和安全注意事项，并明确分工	

管理流程	说　　明	图　　示
布置工作地点安全措施	工作负责人组织工作班成员完成工作票上所列的由班组负责布置的全部安全措施后，方可下达开始工作的命令。工作班成员在接到开始工作的命令后，方可按照分工开始工作	
工作监护	工作期间工作负责人（监护人）必须始终在工作现场，对工作班人员的安全认真监护，及时纠正不安全的行为。分组工作时，每个小组应指定小组负责人（监护人）。对有触电危险、施工复杂容易发生事故的工作，应增设专人监护。专责监护人不得兼任其他工作	
工作负责人更换	工作期间，如工作负责人因故必须要离开工作现场时，应临时指定有资质的工作负责人，离开前应将工作现场交代清楚，并设法通知全体工作人员及工作许可人	
工作间断	工作间断时，工作地点的全部接地线仍保留不动。如果工作班须暂时离开工作地点，则必须采取安全措施和派人看守，恢复工作前，应检查接地线等各项安全措施的完整性	
工作延期	工作负责人对工作票所列工作任务确认不能按批准期限完成，第一种工作票应在工作批准期限前 2h，由工作负责人向工作许可人申请办理延期手续。一份工作票，延期手续只能办理一次。如需再次办理，须将原工作票结束，重新办理工作票	

管理流程	说　明	图　示
完工检查	完工后，工作负责人（包括小组负责人）必须进行认真、全面的现场检查，确认工作任务已经全部按要求完成，杆塔、设备上已没有任何遗留物，工作人员已全部撤离工作现场，再命令拆除工作班组所设置的临时安全措施。接地线拆除后，应即认为线路带电，不准任何人再登杆进行任何工作	
许可送电	工作许可人在接到所有工作负责人（包括用户）的完工报告后，并确知工作已经完毕，所有工作人员已撤离，临时接地线已经拆除，并与记录簿核对无误后方可下令拆除许可范围内的安全措施，向线路恢复送电	

要点 3　杜绝习惯性违章

1. 应办理工作票未办理工作票作业。

2. 虽办理工作票但工作票不合格。如：错用工作票；工作任务、停电线路名称、工作地段填写不明确、错漏；安全措施错误；应"双签发"的没有"双签发"；未按要求办理工作间断手续；未按要求办理工作延期手续；应填用分组工作派工单而没有填用等。

3. 工作人员在办理许可手续前进入工作区域，或未得到工作负责人开始工作的命令即开始工作。

4. 超出工作票规定的工作范围工作。

5. 一个工作负责人同一工作时段持有两张或以上的工作票。

6. 工作票"三种人"资质不符合要求。

三、案例分析

无票或凭错票工作，容易发生因工作任务不清晰、工作地段不明确、安全措施错漏造成的人身、电网及设备事故。

1. 事故经过

2008 年 × 月 × 日，× × 供电局运行维护班对 10kV × × 线 3 ～ 15 号杆进行停电检修作业，并在此工作范围办理了工作票，布置了安全措施。停电检修作业过程中工作班成员王某发现 10kV × × 线 18 号杆 10kV 隔离开关 C 相锈蚀严重，向工作负责人张某汇报，张某简单认为线路已经停电，更换 10kV 隔离开关工作任务简单，在没有重新办理工作票，也没有加挂接地线的情况下，安排刘某、王某登杆进行更换，在作业过程中由于 T 接 25 号杆的 × × 用户发电机反送电，当场导致在杆上作业的刘某触电身亡。

2. 原因分析

停电检修作业过程中，擅自扩大工作范围，未重新办理工作票，属于无票工作，无票工作导致漏做保证安全的技术措施，因低压反送电引发人身触电事故。

3. 预控措施

停电检修作业过程中，严禁超出工作票规定的工作范围工作，否则应重新办理工作票。

第二节　凭　票　操　作

一、基础知识

操作票是保证电气操作按照规定次序依次正确实施的书面依据，是防止发生误操作事故的重要手段。

凭票操作是保证安全的组织措施之一，运用组织机构和人员设置，通过多人在不同工作环节履行各自安全职责，层层把关来保证操作安全。

二、凭票操作的工作要点

要点1 该凭票操作的必须凭票操作

1. 应填写操作票的操作：除了电气操作导则规定可以不用填写操作票的操作外，所有电气设备停送电必须凭票操作。

2. 可以不填写操作票的操作：事故处理；拉开、合上断路器的单一操作；投上或取下熔断器的单一操作；拉开配电站唯一已合上的一组接地刀闸或拆除仅有的一组接地线。

要点2 按规定做好7个环节

操作票是保证安全的组织措施，必须做好操作票管理流程的各个环节，才能使操作票真正发挥保证安全的作用，其中关键是"严管操作票的正确性，严管操作顺序的正确执行"。

管理流程	说　明	图　示
填写操作票	操作人根据操作任务和运行方式，对照接线图、现场设备填写操作票，一份操作票只能填写一个操作任务，操作项目不得并项填写，一个操作项目栏内只应该有一个动词	
"三审"操作票	操作票应严格执行"三审"制度，填票人（操作人）自审、审核人（监护人）初审、值班负责人复审	

续表

管理流程	说　　明	图　示
模拟操作	倒闸操作前操作人、监护人对照模拟图审查操作票并预演	
发受令唱票复诵	配网设备电气操作应根据发令人的指令进行。操作时必须执行唱票复诵制度。操作人在监护下核对设备名称、编号、标识无误，并得到监护人确认后再进行操作	
逐项操作	执行操作票应逐项进行，逐项打"√"，严禁跳项、漏项、倒项操作，每项操作完毕后，应检查操作质量。对于第一项、最后一项应记录实际的操作时间	
有疑问不操作	操作中发生疑问时，应立即停止操作并向配网运行值班负责人报告，弄清问题后再进行操作，严禁擅自更改操作票	
完成汇报	操作票的操作项目全部结束后，监护人应立即在操作票上填写结束时间，并向发令人汇报操作结果	

要点3 杜绝习惯性违章

1. 应办理操作票 未办理操作票操作	2. 跳项、漏项、倒项操作

3. 操作过程中 未执行唱票复诵制度	4. 违反、干预、拖延执行调度指令或未经 调度许可在调度管辖设备上操作

5. 监护人直接操作设备	6. 有疑问时盲目操作

7. 边操作边做
其他无关事项

三、案例分析

无票或凭错票操作可能会出现操作顺序错误、漏操作、误操作，并导致人身伤亡和设备损坏事故。

1. 事故经过

2006年×月×日，××供电所运行人员梁某（操作人）、程某（监护人）在进行××配电站4032低压开关由运行转检修的倒闸操作时，未凭操作票操作，开关未断开就先拉开低压刀闸，发生带负荷拉刀闸的恶性误操作事故，导致860个用户停电，梁某手臂被电弧灼伤。

2. 原因分析

倒闸操作未办理操作票，操作顺序错误，导致发生恶性误操作事故。

3. 预控措施

（1）倒闸操作应办理操作票，凭票操作。

（2）严格凭票操作，一人监护一人操作。操作票应严格执行"三审"制度，倒闸操作前对照操作任务和运行方式填写操作票、对照模拟图审查操作票并预演、对照设备名称和编号无误后再操作。执行操作票应逐项进行，逐项打"√"，严禁跳项、漏项、倒项操作。

练习思考题一

一、填空题（每题2分，共14分）

1. 办理操作票的工作：除了工作票管理规定中可以采用_____的

工作外，在线路、设备及电气场所工作必须办理工作票，_____无票工作。

2. 工作票由_____填写，提出正确、完备的安全措施。填写工作票应对照_____或模拟图板，与现场设备的名称和_____相符合，并使用双重编号。

3. 签发人应认真审核工作票，审核工作必要性、所填_____是否正确完备、工作班人员是否适当和足够，满足要求后方可_____工作票。

4. 可以不填写操作票的操作：_____、拉开、合上断路器的单一操作、_____、投上或取下熔断器的单一操作。

5. 操作人根据操作任务和运行方式，对照接线图、_____填写操作票，一份操作票只能填写_____操作任务，操作项目不得并项填写，一个操作项目栏内只应该有一个动词。

6. 操作票应严格执行"三审"制度，_____自审、_____初审、值班负责人复审。

7. 操作完成后"三检查"，_____，_____，检查设备状况。

二、选择题（每题 2 分，共 12 分）

1. 工作票签发后，属计划工作的第一种工作票和需要退出重合闸的第二种工作票提前（ ）送交许可部门。

A. 二天　　　B. 一天　　　C. 三天　　　D. 四天

2. 一个工作负责人在同一工作时间内只能发给（ ）工作票。

A. 一张　　　B. 二张　　　C. 三张　　　D. 四张

3. 工作票延期手续只能办理（ ）。如需再次办理，须将原工作票结束，重新办理工作票。

A. 一次　　　B. 二次　　　C. 三次　　　D. 四次

4. 接受操作任务时，必须互报单位、姓名，使用规范术语、双重命名，严格执行（　　），双方录音。

A．审核制　　　B．复诵制　　　C．审查制　　　D．操作

5．紧急情况下，为了迅速消除电气设备对人身和设备安全的直接威胁，或为了迅速处理事故、防止事故扩大、实施紧急避险等，（　　）不经调度许可执行操作，但事后应尽快向调度汇报，并说明操作的经过及原因。

A．必须　　　　B．严禁　　　　C．允许　　　　D．报告

6．操作班负责人根据（　　），向电气操作监护人和操作人下达操作任务。

A．工作负责人　B．班长　　　C．调度指令　D．运行专责

三、判断题（每题2分，共10分）

1．造成一次设备不能投入运行的工作必须填用第二种工作票。（　　）

2．不造成一次设备不能投入运行的工作必须填用第一种工作票。（　　）

3．可以采用口头或电话命令方式执行，但在工作前必须履行许可手续。（　　）

4．操作票的操作项目全部结束后，监护人应立即在操作票上填写结束时间，不用向发令人汇报操作结果。（　　）

5．执行操作票应逐项进行，执行操作票后打"√"，严禁跳项、漏项、倒项操作，每项操作完毕后，应检查操作质量。对于第一项、最后一项应记录实际的操作时间。（　　）

6．配网设备电气操作应根据发令人的指令进行。操作时必须执行唱票复诵制度。操作人在监护下核对设备名称、编号、标识无误，并得到监护人确认后再进行操作。（　　）

四、问答题（每题5分，共10分）

1．简述工作票的作用？

2．简述操作票的作用？

五、案例分析题（每题 10 分，共 10 分）

分析下列案例发生的原因，并提出相应的预控措施。

【案例一】　2007 年 × 月 × 日下午 14 时 20 分，× × 局检修部二班副班长李某（伤者，男）作为工作负责人带领工作班其他 3 位人员在 220kV × × 变电站办理了第一种工作票，执行"处理 3 号主变压器中 103T0 接地刀闸触头合不到位处理"工作任务。值班人员在执行安全措施时发现 103B0 接地刀闸同样合不到位的情况，采用装设临时接地线的方式完成安全措施。15 时 54 分，该工作班在完成 103T0 接地刀闸触头缺陷处理后，在没有办理工作票结束和没有汇报和知会其他人的情况下，李某擅自带领本工作班人员转移到 1032 隔离开关支架处理 103B0 接地刀闸缺陷（隔离开关靠母线侧带电）。因与带电的 1032 隔离开关 B 相 2M 侧安全距离不足造成隔离开关对人体抢弧放电，李某被电弧烧伤并从高处正面跌落草地，事故同时造成 4 个 110kV 变电站全站失压的 A 类一般设备事故。

第二章 三 宝

第一节 戴 安 全 帽

一、基础知识

1. 主要用途

安全帽是用来保护使用者头部或减缓外来物体冲击伤害的个人防护用品，在工作现场佩戴安全帽可以预防或减缓高空坠落物体对人员头部的伤害，在高空作业现场的人员，为防止工作时人员与工具器材及构架相互碰撞而头部受伤，或杆塔、构架上工作人员失落的工具、材料击伤地面人员。因此，无论高空作业人员或配合人员都就应戴安全帽。

2. 结构及分类

安全帽分为通用型、操作型、带电型三种。通用型安全帽由帽壳、帽衬、标志组成；操作型安全帽由帽壳、帽衬、标志和内藏式防电弧面罩组成；带电型安全帽是取消透气孔的通用型安全帽，专用于带电作业。如图 2-1 所示为安全帽底面和帽衬结构。

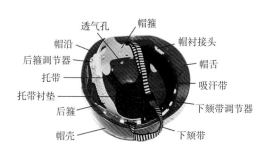

图 2-1　安全帽底面和帽衬结构

3. 颜色要求及其适用对象

| 领导、参观人员 | 管理人员 | 运行或巡检人员 | 检修人员 | 工程施工人员 |

二、戴安全帽的工作要点

要点1 进入现场必须戴安全帽

任何人员进入生产、施工现场必须正确佩戴安全帽

现场作业

高空作业

登高作业

生产现场参观

要点**2** 使用前检查、使用时正确佩戴、使用后妥善保管

1. 使用前检查

合格证、生产日期	外观及连接部件	按压衬垫
	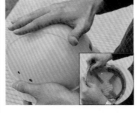	
检查合格证。 　检查生产日期：帽檐生产日期的永久性标志可清晰辨认（从产品制造完成之日计算，塑料安全帽正常使用寿命为两年半）	帽壳：无裂纹、无变形。 帽衬：帽衬组件完好、齐全，接头带自锁防松脱功能。 下颌带：调节器有否损坏，能否调节到恰当位置	手握拳头压顶衬，顶衬应与内顶内面垂直，检查帽衬接头有否松动，是否完好、牢固。顶衬与内顶内面之间保持20~50mm的空间

2. 使用时正确佩戴

双手持帽檐，将安全帽从前至后扣于头顶	调整好后箍，系好下颌带	低头不下滑	昂头不松动	将长头发束好，放入安全帽内

3. 使用后妥善保管

存放及管理要求：

使用者自己保存或集中保存。生产班组应按编号或姓名定置放在工具柜或悬挂，不应贮存在酸、碱、高温、日晒、潮湿等处所，更不可和硬物放在一起。

报废标准：

不合格的安全帽应及时清理报废，禁止流失、转让、赠与他人

要点3 杜绝习惯性违章

1. 进入生产、施工现场没有佩戴安全帽

2. 安全帽倒着戴

3. 戴安全帽时，将下颏带放在帽内、脑后，或不系紧

4. 将安全帽当凳子坐

5. 乱丢乱放

6. 用安全帽盛装物品

不佩戴或不正确佩戴安全帽进入生产、施工场所，头部失去应有保护，遭受外力外物打击时，易引发人身伤亡事故。

1. 事故经过

2007 年 × 月 × 日，××供电局线路班成员陈某、李某、黄某三人在××10kV 线路上施工作业，由于天气较热，李某把安全帽摘下，陈某在用绳索往杆上传递绝缘子时，不慎将黄某放在横担上的 10 寸扳手碰落，正好落在李某头上，砸成重伤。

2. 原因分析

李某违反"任何人进入生产、施工现场必须正确佩戴安全帽"的规定，在作业范围内摘下安全帽，使头部失去安全保护，遇到高空坠物致伤。

3. 预控措施

任何人进入生产、施工现场必须正确佩戴安全帽。

第二节　穿　工　作　服

一、基础知识

1. 工作服是可以保护工作人员免受或减缓劳动环境中的物理、化学等因素伤害的制服，属于个人防护用品。

2. 电力行业使用的工作服应采用纯棉面料制成，纯棉工作服在遇到高温时通过炭化来形成防护，不会熔融和融滴。

3. 工作服禁止使用尼龙、化纤或绵、化纤混纺的衣料制作，以防工作服遇火燃烧加重烧伤程度。

二、凭票操作的工作要点

要点 1 进入现场必须穿工作服

任何人员进入生产、施工现场工作必须穿成套纯棉长袖工作服

要点 2 穿着时整齐，穿着后妥善保管

1. 穿着时整齐

穿戴整齐、灵便	衣服和袖口必须扣好，袖口和裤脚不能卷起

衣服扣子扣好　　袖口扣好　　裤脚不卷起

2. 穿着后妥善保管

工作服应存放在干燥处，有破损应及时更换

要点3 杜绝习惯性违章

1. 不穿工作服进入生产、施工现场	2. 穿工作服但扣子未扣好，错扣、漏扣，内衣外露，挽袖口和裤脚
 没穿工作服	 裤脚卷起 扣子没扣好
3. 上身穿尼龙衣，下身穿工作服	4. 穿拖鞋、凉鞋进入生产、施工现场

三、案例分析

　　工作人员在接触明火、易燃、易爆、带电设备或高温作业时，不穿或不正确穿着工作服，若衣物着火会加重人体烧伤程度。

1. 事故经过

　　2004年×月×日，××供电所周某（监护人）与董某（操作人）将10kV××线39号杆开关（油开关）由运行转检修。由于天气炎热，董某没有穿工作服，穿着尼龙上衣。在断开开关时，开关突然爆炸，绝缘油着火往下喷溅，由于未穿工作服，加重了董某烧伤程度，造成重度烧伤。

2. 原因分析

董某进入生产现场未穿着工作服，遇到着火绝缘油加重其烧伤程度。

3. 预控措施

进入生产、施工现场工作必须成套穿着纯棉长袖工作服。

第三节 系 安 全 带

一、基本知识

1. 安全带作用

安全带是高空作业人员预防高空坠落伤亡事故的防护用具，在高空从事安装、检修、施工等作业时，为预防作业人员从高空坠落，必须使用安全带给以保护。

2. 结构型式

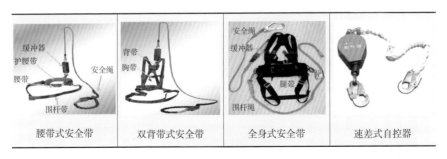

腰带式安全带	双背带式安全带	全身式安全带	速差式自控器

续表

安全绳：是保护人体不坠落的系绳。

缓冲器：当人体坠落时，能减少人体受力，吸收部分冲击能量的装置。

（护）腰带：安全带中保护腰部的带子。护腰带指保护后腰部分的带子。

围杆带（绳）：围在杆上作业时使用的带子（绳子）。

速差式自控器：装有一定长度绳索的盒子，作业时可随意拉出绳索使用。坠落时，因速度的变化，引起自控，称为速差式自控器。

在 10kV 配电线路杆塔及变电站工作，可使用腰带式安全带。

在 110kV 及以上输电线路杆塔上工作，应使用双背带式安全带或全身式安全带。

工作高度在 80m 以上的输电线路上必须使用全身式安全带。

当使用 3m 以上安全绳时，应配合缓冲器使用；当在高空作业，活动范围超出安全绳保护范围时，必须配合速差式自控器使用

二、系安全带的工作要点

要点 1　高处作业必须系安全带

凡在离地面 2m 及以上的地点工作，应使用双保险安全带；使用 3m 以上安全绳时，应配合缓冲器使用；当在高空作业，活动范围超出安全绳保护范围时，必须配合速差式自控器使用。

要点 2　使用前进行检查，使用时系好挂牢、不失保护，使用后妥善保管

1. 使用前进行检查

试验日期	外观及连接部件	现场拉力试验

续表

试验日期	外观及连接部件	现场拉力试验
检查试验合格证试验日期是否在有效期内。安全带每年进行一次静负荷试验	安全带每次使用前要进行外观检查，应无刮痕、起毛或是断裂迹象，缓冲器完好无损	使用前，应对围杆带、安全绳作拉力试验，拉力试验后应检查连接受力位置是否有撕裂、破损

2. 使用时系好挂牢、不失保护

高挂低用	挂在结实牢固的构件上	转位时不得失去安全带保护

凡在离地面 2m 及以上的地点进行工作，应使用双保险安全带，或采用其他可靠的安全措施；安全带的使用要遵循高挂低用的原则	安全带的受力点宜在腰部与臀部之间位置，安全带的挂钩或绳子应挂在结实牢固的构件上，禁止挂在移动或不牢固的物件上	系安全带后必须检查扣环是否扣牢，在杆塔上转位时，不得失去安全带保护

3. 使用后妥善保管

安全带应储藏在干燥、通风的仓库内	
	使用后的处理： 安全带使用后应进行清洁，并应检查外表良好。 存放及管理要求： 安全带应储藏在干燥、通风的仓库内，不准接触高温、明火、强酸和尖锐的坚硬物体，也不准长期暴晒。 安全带半年进行一次静负荷试验。 报废标准： 安全带使用寿命为 5 年，使用中发现破损应提前报废

要点 3 杜绝习惯性违章

1. 高处作业未使用安全带	2. 安全绳低挂高用作业转位时失去保护	3. 安全带挂在不牢固或锋利的物件上
4. 安全带受力点位置不正系在臀部位置	5. 安全带打结使用	6. 使用过期的安全带

三、案例分析

不系安全带或不正确系安全带将使高空作业人员失去保护，导致高空坠落事故发生，造成人身伤亡。

1. 事故经过

2011 年 × 月 × 日，××供电局 ××供电所林某在开展低压导线抢修登杆作业过程中，将安全带受力点系在臀部，安全绳亦未系在低压电杆牢固物件上，安全带安全绳突然脱落，林某顺着电杆坠落，在离地面约 2m 时重心反转头部着地，落地后经抢救无效死亡。

2. 原因分析

（1）林某在电杆上作业时，安全带安全绳没有系在电杆上方抱箍或线码固定可靠的位置，导致林某失足跌落时，失去安全绳保护。

（2）未正确佩戴安全带，安全带受力点系在臀部，导致人体坠落过程中重心翻转，头部着地导致伤亡。

3. 预控措施

凡在离地面 2m 及以上的地点工作，应使用双保险安全带；安全带的受力点宜在腰部与臀部之间位置，严禁将安全带挂在不牢固或锋利的物件上。

练习思考题二

一、填空题（每题 2 分，共 10 分）

1. 安全帽颜色要求及其适用范围：_____适合领导、参观人员佩戴；_____适合管理人员佩戴；_____适合运行或巡检人员佩戴；_____适合检修人员佩戴；_____适合工程施工人员佩戴。

2. 安全带应储藏在低温、_____的仓库内，不准接触高温、明火、强酸和尖锐的坚硬物体，也不准长期暴晒。安全带_____进行一次静负荷试验。

3. 工作服是可以保护工作人员免受或减缓劳动环境中的_____、_____等因素伤害的制服，属于_____。

4. 电力行业使用的工作服应采用_____面料制成，其在遇到高温时通过炭化来形成防护，不会_____和融滴。

5．工作服禁止使用_____、化纤或绵、化纤混纺的衣料制作，以防工作服遇火燃烧加重_____。

二、选择题（每题 2 分，共 16 分）

1．在高空作业现场的人员，为防止工作时人员与工具器材及构架相互碰撞而头部受伤，无论高空作业人员或配合人员都应戴（　　）。

A．护目镜　　　　B．安全帽　　　C．头盔　　　　D．工具袋

2．任何人员进入生产、施工现场必须正确佩戴（　　）。

A．护目镜　　　　B．安全帽　　　C．头盔　　　　D．工具袋

3．安全帽分为通用型、操作型、（　　）三种。

A．带电型　　　　　　　　　　B．椭圆型

C．轻便型　　　　　　　　　　D．时尚型

4．安全帽颜色要求及其适用范围：白色适用于（　　）。

A．管理人员　　　　　　　　　B．检修人员

C．领导、参观人员　　　　　　D．工程施工人员

5．凡在离地面（　　）m 及以上的地点进行工作，应使用双保险安全带，或采用其他可靠的安全措施；安全带的使用要遵循高挂低用的原则。

A．2　　　　　　B．3　　　　　C．4　　　　　D．5

6．安全带的受力点宜在腰部与臀部之间位置，安全带的挂钩或绳子应挂在结实牢固的构件上，（　　）挂在移动或不牢固的物件上。

A．可以　　　　　B．允许　　　C．禁止　　　　D．随便

7．系安全带后（　　）检查扣环是否扣牢，在杆塔上转位时，不得失去安全带保护。

A．应该　　　　　B．必须　　　C．一定　　　　D．可不

8．检查试验合格证试验日期是否在有效期内。安全带（　　）进行

一次静负荷试验。

    A．半年   B．每年   C．两年   D．三年

三、判断题（每题2分，共16分）

1．工作服是可以保护工作人员免受或减缓劳动环境中的物理、化学等因素伤害的制服。（　　）

2．工作人员进入设备运行区域或工作现场必须穿工作服。（　　）

3．电力行业使用的工作服对面料有特殊要求，是为了在遇到高温时通过炭化形成防护，不会熔融和融滴。（　　）

4．进入生产、施工现场工作必须穿着长袖工作服。（　　）

5．手握拳头压顶衬，顶衬应与内顶内面垂直，顶衬与内顶面之间保持20～30mm的空间。（　　）

6．安全带不需要每次使用前都进行外观检查，应无刮痕、起毛或是断裂迹象，缓冲器完好无损。（　　）

7．使用前，应对围杆带、安全绳作拉力试验，拉力试验后应检查连接受力位置是否有撕裂、破损。（　　）

8．安全带使用寿命为3年，使用中发现破损应提前报废。（　　）

四、问答题（每题5分，共10分）

1．简述佩戴安全帽要点。

2．简述系安全带的工作要点。

五、案例分析题（每题10分，共20分）

分析下列案例发生的原因，并提出相应的预控措施。

【案例一】 2007年×月×日，××供电局线路班成员陈某、李某、黄某三人在××10kV线路上施工作业，由于天气较热，李某把安全帽摘下，陈某在用绳索往杆上传递瓷瓶时，不慎将黄某放在横担上的

10 寸扳手碰落，正好落在李某头上，砸成重伤。

【**案例二**】 2011 年 × 月 × 日，×× 供电局 ×× 供电所林某在开展低压导线抢修登杆作业过程中，将安全带受力点系在臀部，安全绳亦未系在低压电杆牢固物体上，安全带安全绳突然脱落，林某顺着电杆坠落，在离地面约 2m 时重心反转头部着地，落地后经抢救无效死亡。

第三章 四 措

第一节 停 电

一、基础知识

1. 停电是保证安全的技术措施之一，通过停电的技术手段消除触电的安全风险。

2. 在全部或部分停电的电力线路及设备上工作，必须将工作地段的所有可能来电的电源断开，将需要检修的设备与带电运行设备进行电气隔离。

二、停电要点

要点 1　必须停电的设备，停电措施一定要落实

表 3-1   设备不停电时的安全距离

电压等级（kV）	安全距离（m）
10 及以下（13.8）	0.70
20 ~ 35	1.00
44	1.20
60 ~ 110	1.50
154	2.00

续表

电压等级（kV）	安全距离（m）
220	3.00
330	4.00
500	5.00

表 3-2　　　　　　　　工作中人员与设备带电部分的安全距离

电压等级（kV）	安全距离（m）
10 及以下（13.8）	0.35
20 ~ 35	0.60
44	0.90
60 ~ 110	1.50
154	2.00
220	3.00
330	4.00
500	5.00

要点 2　切断所有可能来电电源，注意做到"5 要"

1. 切断所有可能来电电源

　　检修设备停电必须把各方面的电源完全断开。检修线路停电必须断开发电厂、变电站（包括用户）线路断路器和隔离开关，断开需要工作班操作的线路各端断路器、隔离开关和熔断器（保险），断开危及该线路停电作业且不能采取安全措施的交叉跨越、平行和同杆线路的断路器和隔离开关，断开有可能返回低压电源的断路器和隔离开关。

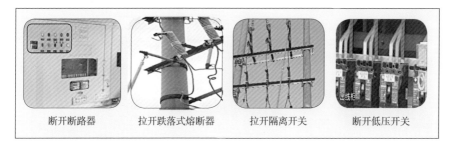

| 断开断路器 | 拉开跌落式熔断器 | 拉开隔离开关 | 断开低压开关 |

2. 注意做到"5要"

1要：停电操作前，操作人和监护人要核对设备位置、名称、编号、运行状态

  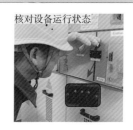

| 核对设备位置 | 核对设备名称、编号 | 核对设备运行状态 |

2要：操作时要两人执行，一人操作一人监护

| 一人操作一人监护 | 检查气压表气压正常 | 断开开关 |

3 要：操作完成后要检查断开后的开关、刀闸是否在断开位置；并应在断路器（开关）或隔离开关（刀闸）操作机构上悬挂"禁止合闸，线路有人工作！"的标示牌

检查开关在断开位置

检查线路带电指示灯显示无电压

悬挂标示牌

4 要：跌落式熔断器（保险）的熔断管要摘下

5 要：更换户外式熔断器的熔丝或拆搭接头时，要在线路停电后进行，如需作业时必须在监护人的监护下进行间接带电作业，但严禁带荷作业

要点3 杜绝习惯性违章

1. 按照规定应停电作业的工作未停电。带电放线、收线、松线、紧线	2. 工作地点未断开有可能返回低压电源的断路器和隔离开关

3. 工作地点邻近或交叉跨越带电设备、带电线路安全距离不足时未停电	4. 操作柱上开关时，站在正下方

5. 未按规定戴绝缘手套、穿绝缘鞋（靴）和使用绝缘工器具进行停电操作	

三、案例分析

在需全部或部分停电的电力线路及设备上工作，不停电或停电措施不足将导致人身触电事故或电网、设备事故发生。

1. 事故经过

2011 年 × 月 × 日，彭某接到报障电话，巡视发现 220V 低压线路断线，电杆倾斜。由于掉落的导线横过路面且带电，会给过路的行人带来危险，彭某对绝缘导线断口进行简单包扎后，独自一人往回卷收地上的导线。期间右手掌心不慎触碰导线裸露的驳接头，以致触电身亡。

2. 原因分析

（1）在线路没有停电的情况下，实施低压导线收线作业，导致不慎触碰带电导线裸露部分。

（2）带电作业过程没有监护，使得不安全行为得不到及时制止。

3. 预控措施

按照规定应停电作业的工作必需落实停电措施后方能作业，严禁带电放线、收线、松线、紧线。作业过程应设置监护人，及时纠正作业人员的不安全行为。

第二节 验 电

一、基础知识

1. 验电是保证安全的技术措施之一，通过验电的技术手段消除触电和误操作的安全风险。

2. 配网常用验电器分为高压验电器和低压验电器。

3. 通过验电可以检查线路、设备有无电压，防止因停错电或未停电引发人身触电事故，防止带电接地的恶性误操作。

二、验电的工作要点

要点 1 接地前必须先验电

停电的设备或线路工作地段接地前，要先验电，验明确无电压后方可接地。

要点2 验电前先检查验电器，验电时正确操作

1. 验电前先检查验电器

电压等级	试验日期	性能、外观
使用前，按被测设备的电压等级，选择同等电压等级的验电器，禁止使用电压等级不对应的验电器进行验电，以免现场测验时得出错误的判断	检查高压验电器试验合格证试验日期是否在有效期内，若不在试验合格的有效期内，则不能使用。 每年应定期进行一次预防性试验	在使用验电器之前，应首先检验验电器是否良好、有效外（按下验电器的试验按钮后，声、光报警信号正常），还应在电压等级相适应的带电设备上检验报警正确，方能到需要接地的设备上验电

2. 验电时正确操作

（1）高压验电。

1）10kV 配电线路杆上验电。

验电操作前，核对杆号位置、名称、编号正确	明确的验电位置	一人验电，一人监护
验电操作前，操作人和监护人应核对杆号位置、名称、编号正确	验电应有明确位置，验电位置必须与装设接地线的位置相符	验电时要两人进行，一人验电一人监护

合适的站立位置	戴绝缘手套，手握验电器的护环以下部位	正确的验电顺序

操作人应选好合适的站立位置，保证与相邻带电体足够的安全距离（10kV 及以下电压等级不小于 0.7m）	为防止因验电器绝缘棒受潮而产生的泄漏电流，危及操作人员的安全，在使用时，必须戴相应电压等级的绝缘手套。手握在验电器的护环以下部位（不准超过护环），保证与带电体足够的安全距离	线路的验电应逐相进行。检修联络用的断路器或隔离开关时，应在其两侧验电。对同杆架设的多层电力线路进行验电时，先验低压，后验高压；先验下层，后验上层；先验距离人体较近的，后验距离人体较远的

2）10kV 配电线路手车式断路器柜（固定密封开关柜）验电。

验电操作前，核对设备位置、名称、编号正确	一人验电，一人监护	设备停电前检查带电显示器有电

手车式断路器拉至试验位置	带电显示器显示无电	与调度核实线路确已停电

（2）低压验电。

使用方法	注意事项
使用时，手拿验电笔，用一个手指触及笔杆上的金属部分，金属笔尖顶端接触被检查的测试部位，如果氖管发亮则表明测试部位带电，并且氖管愈亮，说明电压愈高。 低压验电时手指不得触及测试触头，防止发生触电。 低压验电时人体与大地绝缘良好时，被测体即使有电，氖管也可能不发光；因此，验电时，不应戴绝缘手套，穿绝缘鞋	阳光照射下或光线强烈时，氖管发光指示不易看清，应注意观察或遮挡光线照射。 低压验电笔只能在 500V 以下使用，禁止在高压回路上使用。 验电时要防止造成相间短路，以防电弧灼伤

3. 保管

验电器不得直接与墙或地面接触，以防碰伤其绝缘表面，使用后要把验电器清擦干净，验电器保存在干燥室的专用挂架上内。

要点 3　杜绝习惯性违章

1. 挂接地线前未进行验电	2. 使用验电器前，未进行检查	3. 高压验电没有戴绝缘手套

4. 三相验电，只验一相	5. 验电先后次序错误	6. 验电时没有专人监护
7. 与带电体安全距离不足	8. 握手部分超过护环	9. 低压验电时，戴绝缘手套、穿绝缘鞋

三、案例分析

不按规定验电可能造成带电接地的恶性误操作事故，发生工作人员误碰带电设备、误登带电杆塔引发人身触电事故。

1. 事故经过

2007 年 × 月 × 日，××供电局运行维护班梁某将 10kV 纺织线 53 号塔开关后段线路由运行转检修的操作，在挂接地线前未进行验电，误将接地线直接挂在 53 号塔小号侧带电导线上，导致 10kV 纺织线跳闸，梁某被电弧灼伤。

2. 原因分析

（1）挂接地线前没有验电，造成带电接地的恶性误操作事故。

（2）现场监护不到位，未及时制止梁某的不安全行为。

3. 预控措施

接地前必须对线路进行逐相验电。监护人现场必须认真监护，及时纠正作业人员的不安全行为。

第三节 接 地

一、基本知识

1. 接地是保证安全的技术措施之一，通过接地的技术手段消除触电的安全风险。

2. 停电检修或进行其他工作时，接地可防止停电检修设备突然来电，消除感应电压，放尽剩余电荷，保护作业人员免受触电危险。

二、接地的工作要点

要点1　停电检修必须做足接地措施

停电检修作业，当验明设备或线路确无电压后，操作人应立即在验电点接地。凡是有可能送电到停电设备的各端或停电设备上有感应电压时，都必须装设接地线，要使所有工作地点均处于接地线保护范围内。

要点2　接地前先检查接地线，接地时正确操作

1. 接地前先检查接地线

电压等级	试验日期	连接部件及外观
接地线的规格必须符合接地设备电压等级,切不可任意取用	检查试验合格证试验日期是否在有效期内,若不在试验合格的有效期内,则不能使用。每年应进行一次预防性试验	检查螺丝是否松脱、铜线有无断股、线夹是否好用、接地铜线和三根短铜线的连接是否牢固,绝缘杆表面是否干净、干燥、完好

2. 接地时正确操作

装接地线之前必须验电	一人操作,一人监护	合适的站立位置
装接地线之前必须验电,验电位置必须与装设接地线的位置相符	接地时要两人进行,一人操作,一人监护	操作人应选好合适的站立位置,保证与相邻带电体足够的安全距离(10kV及以下电压等级不小于0.7m)

戴绝缘手套,手握接地绝缘杆的护环以下部位	按顺序正确地装设接地线	
		接触良好 ✓ 严禁用缠绕的方法 ✗

续表

为防止因接地绝缘棒受潮而产生的泄漏电流，危及操作人员的安全，在使用时，必须戴相应电压等级的绝缘手套。手握在接地绝缘棒的护环以下部位（不准超过护环）	装、拆接地线时，人体不得碰触接地线，要先接地端，后接导线端；先挂低压，后挂高压；先挂下层，后挂上层。拆接地线时的顺序与此相反。 若杆塔无接地引下线时，可采用临时接地棒，接地棒在地面下深度不得小于 0.6m。如利用铁塔接地时，可每相个别接地，但铁塔与接地线连接部分应清除油漆。 接地完毕后，必须检查接地线的线夹应能与导体接触良好，并有足够的夹紧力，以防通过短路电流时，由于接触不良而熔断或因电动力的作用而脱落，严禁用缠绕的方法进行接地或短路

3. 保管

编号并存放在专用工器具柜对应编号位置	
	使用后的处理： 接地线使用后应进行清洁、擦净，并应检查外表良好。 工作负责人应登记接地线使用情况，工作完成后必须清点每组接地线并确认收回的接地线与带出的接地线数量、编号一致。 存放及管理要求： 每组接地线均应编号，并存放在专用工器具房（柜）对应位置编号存放，以免发生误拆或漏拆接地线造成事故。 每年进行工频耐压预防性试验，每 5 年进行成组直流电阻试验。 报废标准： 接地线在承受过一次短路电流后，一般应整体报废

要点 3　杜绝习惯性违章

1. 工作地段没有装设或漏装设接地线。

2. 高压线路用低压接地线或低压线路用高压接地线。

3. 接地端与导线端装设或拆除顺序错误。

4. 人体与带电设备安全距离不足	5. 未戴绝缘手套装设接地线或人体碰触接地线	
	 操作人没戴绝缘手套	 身体碰触接地线
6. 接地端连接部位未清除锈迹或油漆	7. 采用抛挂缠绕方式接地	8. 临时接地棒在地面下深度不足
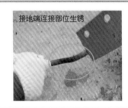 接地端连接部位生锈		

三、案例分析

1. 事故经过

2011 年 × 月 × 日，×× 供电所陈某、邓某等 4 人进行低压架空导线断落故障抢修。在断开故障线路低压总开关后，未在工作地段两侧挂接地线就开始工作，工作过程中某低压用户突然启用发电机，向该低压线路反送电，造成正在线路上工作的邓某当场触电身亡。

2. 原因分析

工作地段未挂接地线，使工作人员失去接地线的保护，在用户发电机发电反送电情况下，造成邓某人身触电伤亡。

用户发电机没有使用双投开关，致使发电时向市电线路反送电。

3. 预控措施

凡是有可能送电到停电设备的各端或停电设备上有感应电压时，都必须装设接地线，使工作地点均处于接地线保护范围内。

用户发电机必须使用双投开关，确保发电机发电时不会向市电线路反送电。

第四节 挂牌装遮栏

一、基础知识

1. 挂牌装遮栏是保证安全的技术措施之一，通过挂牌装遮栏的技术手段消除触电、误操作、误入危险区域等安全风险。

2. 标示牌：配网作业常用标示牌有禁止类、提示类、警告类三种，挂牌可以警告作业人员不允许接近带电设备，提示工作地点，以及表明禁止向停电设备合闸送电。

禁止类	禁止类	警告类	指令标志	提示类

3. 遮栏：按用途分固定遮栏和临时遮栏，装遮栏是为了将工作场所与带电区域隔离或将危险区域进行空间隔离，防止工作人员走错间隔误碰带电设备，或行人车辆误入施工现场。

二、挂牌装遮栏的工作要点

要点 1 禁止合闸、警示危险要挂牌

在一经合闸即可送电到工作地点的断路器和隔离开关的操作把手上，应悬挂"禁止合闸，有人工作！"的标示牌

如果线路上有人工作，应在线路断路器和隔离开关操作把手上悬挂"禁止合闸，线路有人工作！"的标示牌

在邻近其他可能误登的带电杆塔上，应悬挂"禁止攀登，高压危险！"标示牌

在室内高压设备上工作，应在工作地段两旁间隔和对面间隔的遮栏上和禁止通行的过道上悬挂"止步，高压危险！"标示牌

在室外构架上工作，应在工作地点邻近带电部分的横梁上，悬挂"止步，高压危险！"标志牌

在部分停电的设备上工作，在工作地点悬挂"在此工作！"的标示牌

要点 2 工作地点、危险区域要围蔽

部分停电的工作，应装设临时遮栏将工作地点围蔽，防止工作人员超出规定工作范围工作，误碰带电设备

在高处作业范围以及高处落物的伤害范围须围蔽，设置"禁止通行"安全警示标志，并设专人进行安全监护，防止无关人员进入作业范围和落物伤人

施工作业邻近或占用机动车道时，必须在来车方向前50m（高速公路150m）的机动车道上设置交通警示牌，并将工作现场围蔽

在居民区及交通道路附近挖的基坑，应设坑盖或可靠围栏，夜间挂红灯

要点3 杜绝习惯性违章

1. 一经合闸即可送电到工作地点的断路器和隔离开关的操作把手上未悬挂禁止合闸的警示标识牌。

2. 作业现场应装设遮栏而未设置。

3. 在邻近或占用交通道路进行施工作业，未装设遮栏和警示标志防止车辆碰撞。

4. 在设置安全围栏的带电运行设备或试验的设备附近工作，工作人员擅自移动、拆除遮栏，进出密封的区域，跨越遮栏等行为。

三、案例分析

1. 事故经过

2011 年 × 月 × 日，×× 县电气设备安装有限公司在 35kV×× 变电站停电进行 10kV 1M 设备的清抹工作。办理完许可手续后，赖某带领刘某和谭某等共 4 人开始工作。工作过程中，有吊车进入变电站，由于施工设置的围栏挡住车道，于是移动施工围栏让路，吊车通过后围栏并未恢复，此时围栏围住的工作范围已经扩大，将带电间隔包围进入围栏以内。谭某并未注意围栏位置的变动，以为带电间隔属于工作范围以内，误登带电间隔导致触电身亡。

2. 原因分析

（1）吊车司机擅自移动遮栏，且未将遮栏恢复原状，致使带电设备被围入工作围栏内，造成谭某误解，扩大工作范围，误登带电间隔。

（2）现场监护不到位，未及时制止谭某的不安全行为。

（3）现场交底不到位，工作人员不清楚工作范围。

3. 预控措施

（1）部分停电的工作，应装设临时遮栏将工作地点围蔽，防止工作人员超出规定工作范围工作，误碰带电设备，严禁擅自移动、拆除遮栏。

（2）监护人现场必须认真监护，及时纠正作业人员的不安全行为。

练习思考题三

一、填空题（每题2分，共10分）

1. 停电操作前，操作人和监护人要核对设备_____、_____、_____、运行状态。

2. 台架上的变压器要进行检修，您如何进行停电操作? _____、_____、_____、_____。

3. 电力生产中保证安全的技术措施包括_____、_____、_____。

4. 电力生产中保证安全的组织措施包括_____、_____、_____和工作终结和恢复送电制度。

5. 事故处理的主要任务包括_____、采取措施防止行人接近故障导线和设备，避免发生人身事故、_____、对已停电的用户尽快恢复供电。

二、选择题（每题2分，共36分）

1. 在带电线路杆塔上工作与带电导线（10kV及以下）的安全距离小于（　　）时，工作地点必须停电。

A. 0.3m　　　B. 0.5m　　　C. 0.7m　　　D. 1.0m

2. 在停电检修线路的工作中，如与另一10kV带电线路交叉或接近时，其安全距离小于（　　）则另一带电回路应停电。

A. 0.3m　　　B. 0.5m　　　C. 0.7m　　　D. 1.0m

3. 停电操作完成后要检查断开后的断路器、隔离开关是否在（　　）位置。

A. 合上　　　　　　　　B. 短路

C. 断开（拉开）　　　　D. 合闸

4．以下验电操作不正确的是（　　　）。

A．选择电压等级相符的验电器

B．验电器取出后未进行检查即进行验电

C．在带电设备上检查验电器是否正常工作

D．检查验电器上的合格标签

5．10kV 设备验电时，以下哪项做法是错误的。（　　　）

A．逐相验电

B．戴绝缘手套

C．手握在验电器的绝缘护环以下部位（不准超过护环）

D．无需监护

6．10kV 设备验电时人体与邻近带电设备应保持（　　　）及以上的安全距离。

A．3m　　　　　B．1.5m　　　　C．1m　　　　D．0.7m

7．设备预试定检计划超过规定周期（　　　）未进行试验，检验视为超期。

A．1 个月　　　　B．3 个月　　　C．6 个月　　　D．12 个月

8．作业记录由（　　　）填写，填写应清晰、整洁，作业记录应符合作业表单中有关填写要求。

A．工作负责人

B．工作负责人或指定的作业成员

C．作业成员

D．工作许可人

9．停电检修或进行其他工作时，关于接地的作用不正确的是（　　　）。

A．防止设备突然来电

B．增加作业的复杂性

C．消除感应电压，放尽剩余电荷

D．保护作业人员免受触电危险

10. 装设接地线时（　　　）。

A. 可以单人进行　　　　　　　B. 不需要戴绝缘手套

C. 必须有监护人监护　　　　　D. 先接导线端再接接地端

11. 装设接地线时，（　　　）。

A. 先挂高压，再挂低压　　　　B. 先挂下层，再挂上层

C. 先接导线端，再接接地端　　D. 身体可接触接地线

12. 拆接地线时（　　　）。

A. 不需要戴绝缘手套　　　　　B. 先拆导线端，再拆接地端

C. 先拆接地端，再拆导线端　　D. 先拆哪一端都可以

13. 若杆塔无接地引下线时，可采用临时接地棒，接地棒在地面下深度不得小于（　　　）。

A. 0.3m　　　　B. 0.6m　　　　C. 0.9m　　　　D. 1.2m

14. 在一经合闸即可送电到工作地点的断路器和隔离开关的操作把手上，应悬挂（　　　）的标示牌。

A. 止步，高压危险！　　　　　B. 在此工作！

C. 禁止合闸，有人工作！　　　D. 从此上下！

15. 在室内高压设备上工作，应在工作地段两旁间隔和对面间隔的遮栏上和禁止通行的过道上悬挂（　　　）标示牌。

A. 止步，高压危险！　　　　　B. 禁止合闸，线路有人工作！

C. 禁止合闸，有人工作！　　　D. 从此上下！

16. 在部分停电的设备上工作，在工作地点悬挂（　　　）的标示牌。

A. 止步，高压危险！　　　　　B. 在此工作

C. 禁止合闸，有人工作！　　　D. 从此上下！

17. 在高处作业范围以及高处落物的伤害范围须围蔽，设置（　　　）安全警示标志，并设专人进行安全监护，防止无关人员进入作业范围和落物伤人。

A. 禁止通行   B. 禁止合闸，线路有人工作！

C. 止步，高压危险   D. 从此上下！

18. 在居民区及交通道路附近挖的基坑，应设坑盖或可靠围栏，夜间挂（　　）。

A. 绿灯   B. 红灯   C. 蓝灯   D. 黄灯

三、判断题（每题 2 分，共 28 分）

1. 停电是保证安全的技术措施之一，通过停电的技术手段消除触电的安全风险。（　　）

2. 在全部或部分停电的电力线路及设备上工作，不须将工作地段的所有可能来电的电源断开，将需要检修的设备与带电运行设备进行电气隔离。（　　）

3. 切断所有可能来电电源：检修设备停电必须把各方面的电源完全断开。（　　）

4. 按照规定应停电作业的工作必须停电。（　　）

5. 工作地点必须断开有可能返回低压电源的断路器和隔离开关。（　　）

6. 操作人员使用验电器进行验电操作，高压验电时，应戴绝缘手套。（　　）

7. 安全工器具、仪表、标示牌等应分类存放在干燥、通风良好的室内，并经常保持整洁。（　　）

8. 跨越施工时，若被跨越的线路带电，应做好隔离措施；所穿越的低压线、路灯线必须采取硬隔离措施或验电装设接地线后才能穿越。（　　）

9. 施工范围若与临近带电线路不够安全距离，则另一回线路也应停电并接地。（　　）

10. 如施工线段与 35kV 及以上的线路跨越或平行，应在跨越或平行段加装临时地线。（　　）

11. 部分停电的工作，应装设临时遮栏将工作地点围蔽，防止工作

人员超出规定工作范围工作，误碰带电设备。（ ）

12. 施工作业邻近或占用机动车道时，必须在来车方向前 50m（高速公路 150m）的机动车道上设置交通警示牌，并将工作现场围蔽。（ ）

13. 白天施工，作业现场可以不装设遮栏。（ ）

14. 在邻近或占用交通道路进行施工作业，必须要装设遮栏和警示标志防止车辆碰撞。（ ）

四、问答题（每题 5 分，共 15 分）

1. 简述停电操作要点。

2. 简述验电的工作要点。

3. 简述接地的工作要点。

五、案例分析题（每题 10 分，共 30 分）

分析下列案例发生的原因，并提出相应的预控措施。

【案例一】 2011 年 × 月 × 日，彭某接到报障电话，巡视发现 220V 低压线路断线，电杆倾斜。由于掉落的导线横过路面且带电，会给过路的行人带来危险，彭某对绝缘导线断口进行简单包扎后，独自一人往回卷收地上的导线。期间右手掌心不慎触碰导线裸露的驳接头，以致触电身亡。

【案例二】 2007 年 × 月 × 日，×× 供电局运行维护班在 10kV 纺织线 53 号塔开关后段线路进行由运行转检修的操作，在挂接地线前未进行验电，误将接地线直接挂在 53 号塔小号侧带电导线上，导致 10kV 纺织线跳闸，梁某被电弧灼伤。

【案例三】 2011 年 × 月 × 日，×× 供电所陈某、邓某等 4 人进行低压架空导线断落故障抢修。在断开故障线路低压总开关后，未在工作地段两侧挂接地线就开始工作，工作过程中某低压用户突然启用发电机，向该低压线路反送电，造成正在线路上工作的邓某当场触电身亡。

── 第四章 现 场 交 底 ──

一、基础知识

现场交底包括工作许可人对工作负责人的交底和工作负责人对工作班成员的交底，是对"两票"、"三宝"、"四措"完成情况和下一步的工作要求的集中交代，通过交底明确安全技术措施和工作任务，使参与作业的人员清楚如何保证作业安全。

二、现场交底的要点

要点 1　先交底后工作

1. 完成许可范围内的安全措施后，工作许可人应向工作负责人进行交底，交代工作范围、已实施的安全措施及其他安全注意事项。

2. 施工作业前，工作负责人必须向工作班成员进行现场安全技术交底。

3. 两个及以上班组共同工作时，应填用分组工作派工单与工作票一并使用，指定小组负责人，由工作负责人向各小组负责人交底，再由小组负责人向各工作班组成员交底。

要点 2 交底内容要齐全，清楚明白才干活

　　交底时，全体班组人员列队点名，工作负责人负责检查工作班人员精神状态，宣读工作票内容，包括工作时间、工作任务、停电范围、工作地段、工作要求的安全措施、保留的带电线路或带电设备、其他注意事项，明确分工和责任。必须在所有工作人员清楚明白交底内容并签名确认后，方可开始工作

列队点名

宣读工作票内容

签名确认

要点 3 杜绝习惯性违章

1. 工作许可人没有向工作负责人进行安全技术交底	2. 工作负责人现场交底时，没有集中所有班组成员进行交底，导致个别人员不清晰注意事项	

3. 工作负责人未进行现场交底，工作班成员已开始工作	4. 交底内容没有针对性、不全面	5. 工作班组成员在交底后未签名确认

不进行现场交底或交底内容不清晰，导致工作班成员不清楚工作任务，造成误操作设备、误入带电间隔或误碰带电设备等事故发生。

1. 事故经过

2008年×月×日，××供电局运行维护二班对××户外构架式配电站803开关（母线侧8031隔离开关静触头带电）进行检修，工作负责人李×在现场交底时，未对全体班组人员列队点名，谭某因去洗手间未参与交底，返回时直接投入工作。谭某在完成工作任务后，发现803开关母线侧8031隔离开关绝缘子积污严重，遂自行清扫污秽绝缘子。期间抹布不慎碰触8031隔离开关静触头导致谭某当场触电身亡。

2. 原因分析

（1）工作负责人现场交底时，没有集中所有班组成员进行交底，导致谭某不清楚工作地点邻近的带电部位等注意事项，擅自扩大工作范围，以致触电伤亡。

（2）现场监护不到位，未及时制止谭某的不安全行为。

3. 预控措施

（1）交底时，全体班组人员应列队点名，工作负责人进行安全技术交底，交底内容必须齐全、有针对性，必须在所有工作人员清楚明白交底内容并签名确认后，方可开始工作。

（2）监护人现场必须认真监护，及时纠正作业人员的不安全行为。

练习思考题四

一、填空题（每题2分，共10分）

1. 现场交底，是对_____、_____、_____完成情况和下一步的工作要求的集中交代，通过交底明确安全技术措施和工作任务，使参与作业的人员清楚如何保证作业安全。

2. 现场交底包括工作许可人对_____的交底和工作负责人对_____的交底。

3. 工作许可人应向工作负责人进行交底，交代_____、已实施的_____及其他安全注意事项。

4. 现场交底时，全体班组人员列队点名，工作负责人负责检查工作班人员精神状态，宣读工作票内容，包括_____、_____、_____、_____工作要求的安全措施、保留的带电线路或带电设备、其他注意事项，明确分工和责任。

5. 现场交底必须在所有工作人员_____交底内容并_____确认后，方可开始工作。

二、选择题（每题2分，共8分）

1. 通过现场交底明确（　　）和（　　），使参与作业的人员清楚如何保证作业安全。

A. 停电操作时间，工作内容

B. 送电时间，注意事项

C. 停电操作时间，工作开始时间

D. 安全技术措施，工作任务

2. 两个及以上班组共同工作时，应填用（　　　）一并使用，指定小组负责人，由工作负责人向各小组负责人交底，再由小组负责人向各工作班组成员交底。

A. 分组工作派工单与工作票　　　B. 停电方案与工作票

C. 竣工单与工作票　　　　　　　D. 分组工作派工单与竣工单

3. 完成许可范围内的安全措施后，工作许可人应向工作负责人进行交底，交代（　　　）。

A. 设计图纸

B. 天气状况

C. 工作内容

D. 工作范围、已实施的安全措施及其他安全注意事项

4. 施工作业前，（　　　）必须向工作班成员进行现场安全技术交底。

A. 值班负责人　　　　　　　　B. 工作负责人

C. 工作票签发人　　　　　　　D. 工作许可人

三、判断题（每题2分，共8分）

1. 现场交底包括工作许可人对工作负责人的交底和工作负责人对工作班成员的交底，是对"两票"、"三宝"、"四措"完成情况和下一步的工作要求的集中交代，通过交底明确安全技术措施和工作任务，使参与作业的人员清楚如何保证作业安全。（　　　）

2. 工作前，工作许可人要向工作负责人进行安全技术交底。（　　　）

3. 工作负责人未进行现场交底，工作班成员严禁开始工作。（　　　）

4. 所有工作人员清楚明白交底内容并签名确认后，方可开始工作。（　　　）

四、问答题（每题5分，共5分）

简述现场交底的要点。

五、案例分析题（每题 10 分，共 10 分）

分析下列案例发生的原因，并提出相应的预控措施。

【案例一】 2008 年 × 月 × 日，×× 局运行维护二班对 ×× 户外构架式配电站 803 开关（母线侧 8031 隔离开关静触头带电）进行检修，工作负责人李某在现场交底时，未对全体班组人员列队点名，谭某因去洗手间未参与交底，返回时直接投入工作。谭某在完成工作任务后，发现 803 开关母线侧 8031 隔离开关绝缘子积污严重，遂自行清扫污秽绝缘子。期间抹布不慎碰触 8031 隔离开关静触头导致谭某当场触电身亡。

第五章 练 习 活 动

通过选择一个线路检修工作任务和电气操作任务为背景，让学员在工作过程和电气操作过程中，真正达到对"十个规定动作"的正确理解和掌握，深刻的体会在生产过程中正确的执行"十个规定动作"对确保人身和设备安全的重要性。

第一节 10kV 架空线路停电更换直线绝缘子作业

一、练习活动简介

1. 学员以 4 个人为一组通过给出的工作任务，分角色扮演工作负责人、杆上作业人员、监护人三种角色，在培训实操场演练 10kV 架空线路停电更换直线绝缘子作业的整个工作流程，并在工作过程中应用"十个规定动作"中的凭票工作、验电、接地、挂牌、装设遮栏、穿工作服、戴安全帽、系安全带。

2. 另外一组学员观看整个作业过程，并把作业过程中发现的违章行为记录在任务观察表中。

3. 演练完毕后，组织两组学员在现场进行纠错大讨论，教师总结点评。

4. 演练过程中，学员需穿工作服、工作鞋、戴安全帽。

二、基础知识介绍

绝缘子使用时间过长，由于环境污染或内部介质质量降低；或者由于雷击绝缘子击穿导致导线对杆、塔等绝缘降低，可能导致发生 10kV

线路接地故障，造成线路停电影响供电可靠性。因此，需不定期对10kV直线杆绝缘子进行更换。以保证10kV配电线路安全运行。

配电线路直线杆的绝缘子用于导线间、导线与地或杆（塔）的绝缘，以及固定导线、承受导线的垂直和水平荷载作用，如图5-1和图5-2所示。

图 5-1　针式绝缘子　　　　　　图 5-2　瓷横担绝缘子

三、作业前的准备

（一）出发前准备

1. 工器具及材料

工器具及材料如表5-1和图5-3所示。

表 5-1 工器具及材料

名称	数量	名称	数量	名称	数量
10kV 验电笔	1 支	警示牌	若干	反光衣	若干
10kV 接地线	2 副	脚踏板 / 脚扣（选用）	1 台	绝缘子（应试验合格）	若干
绝缘手套	2 对	绝缘电阻表（2500kV）	1 套	扎线	若干
双保险安全带	2 套	个人工具	2 套	铝包带	1 卷
安全围栏	若干	吊物绳	2 条	工作手套	若干

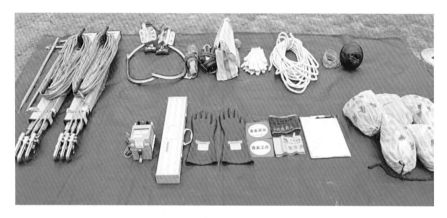

图 5-3　工器具及材料

2. 资料

相关 10kV 线路单线图、配电线路第一种工作票、作业表单、危险点控制措施卡、线路施工（检修）接地线使用登记管理表。

（二）办理作业许可手续

工作负责人在工作许可人带领下进入工作现场，查看现场安全措施是否满足工作要求，如图 5-4 和图 5-5 所示，并办理作业许可手续。

图 5-4　工作许可人对工作负责
现场交底

图 5-5　现场办理作业许可

（三）风险分析

1. 触电

对带电线路及设备安全距离不够，或误碰带电体导致触电死亡。

2. 坠落

高处作业没有系安全带或使用不当，高处坠落伤亡。

3. 打击

杆塔上人员从高处掉东西，击中地面人员造成伤亡。

4. 交通意外

道路上施工没有做好警示及围蔽而造成交通事故。

（四）作业前安全交底

交底时，全体班组人员列队点名，工作负责人负责检查工作班人员精神状态，宣读工作票内容，包括工作时间、工作任务、停电范围、工作地段、工作要求的安全措施、保留的带电线路或带电设备、其他注意事项，明确分工和责任。必须在所有工作人员清楚明白交底内容并签名确认后，方可开始工作。现场安全交底如图5-6所示。

图 5-6 现场安全交底

（五）现场设置

搬运仪器、工具、材料等，在施工现场做好安全围栏，并悬挂足够警示牌。现场设置如图5-7所示。

设置安全围栏	悬挂警示牌

图 5-7　现场设置

四、作业过程

（一）风险控制措施

1. 触电

（1）在10kV带电杆塔上进行工作，工作人员距最下层高压带电导线垂直距离不得小于0.7m，与邻近或交叉其他10kV及以下电力线路的安全距离不得小于1.0m。若有感应电压反映在停电线路上，应加挂接地线。

（2）挂接地线时应先接接地端，后接导线端，拆除时与之相反。

2. 坠落

（1）登杆塔前检查杆根塔基、拉线牢固，攀登杆塔脚钉时，应检查脚钉牢固。

（2）安全带应系在电杆及牢固的构件上，应防止安全带从杆顶脱出或被锋利物伤害。作业转位时，不得失去安全带保护。

（3）落杆塔过程中设专人监护。

3. 打击

（1）杆塔上人员应防止掉东西。

（2）作业过程中接地线、绝缘子等材料工具用绳索传递。

4. 交通意外

装设现场安全围栏及警示牌，在道路周边或道路上施工穿反光衣。

（二）验电、接地

1. 核对线路及设备名称、编号与工作票一致，如图 5-8 所示。

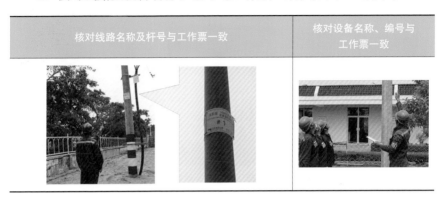

图 5-8　核对线路及设备名称、编号与工作票一致

2. 检查验电笔、接地线、绝缘手套、安全带及登高工具。

（1）检查验电笔。如图 5-9 所示。

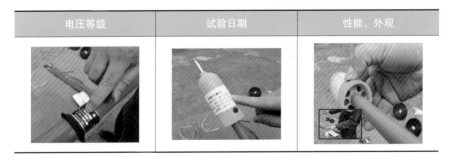

图 5-9　检查验电笔

（2）检查接地线。如图 5-10 所示。

电压等级	试验日期	性能、外观

图 5-10　检查接地线

（3）检查绝缘手套。如图 5-11 所示。

试验日期	气密性及外观

图 5-11　检查绝缘手套

（4）检查安全带。如图 5-12 所示。

试验日期及连接部件	围杆带做拉力试验	安全绳做拉力试验

图 5-12　检查安全带

（5）检查登高工具。如图 5-13 所示。

试验日期	外观及连接部件	做人体冲击试验

图 5-13 检查登高工具

3. 登杆塔前检查杆根杆基、拉线，攀登铁塔时，应检查脚钉牢固。如图 5-14 所示。

检查杆根杆基牢固	检查杆根杆身无裂痕	检查拉线杆基牢固

图 5-14 检查杆根杆基、杆身、拉线

4. 安全带应系在主杆或牢固的构件上，转位时，不得失去安全带保护。如图 5-15 所示。

高挂低用	挂在结实牢固的构件上	转位时不得失去安全带保护

图 5-15 高处作业系好安全带

5. 作业人员戴绝缘手套，在工作地点各端验明无电压后挂接地线。如图 5-16 所示。

图 5-16　验电接地

6. 作业人员挂好接地线后报告工作负责人。如图 5-17 所示。

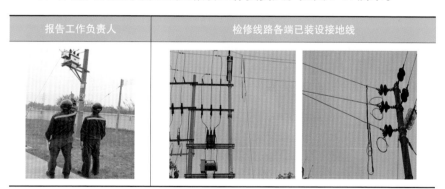

图 5-17　报告工作负责人

（三）作业人员登杆

作业人员携带吊物绳上杆塔，到合适位置，系好安全带。如图 5-18 所示。

作业人员携带吊物绳上杆塔		到合适位置，系好安全带
		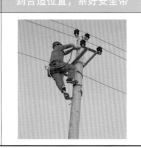

图 5-18 作业人员登杆

（四）更换绝缘子

如图 5-19 所示。

拆除绝缘子扎线及导线固定螺丝，将导线移离绝缘子	用绳索绑牢绝缘子，防止拆除过程中绝缘子坠落地面	拆除绝缘子的固定螺丝

用吊物绳将绝缘子吊落地面	地勤人员检查新绝缘子完好无损、表面清洁后用吊物绳传至杆塔上作业人员	安装绝缘子，将导线包扎铝包带，并复位绑扎固定

图 5-19 更换绝缘子

（五）检查绝缘子安装合格，拆除接地线

如图 5-20 所示。

检查绝缘子安装符合要求，绝缘子顶槽与线路平行，绝缘子安装牢固	塔上作业人员检查工作各部件情况，有无遗留物后携带吊物绳下杆	工作负责人确认绝缘子安装合格，人员撤离后，拆除接地线

图 5-20　检查绝缘子安装合格，拆除接地线

五、作业终结

作业终结如图 5-21 所示。

清点工器具及材料无遗留，清点接地线数量，确认所有接地线已经拆除	确认所有工作人员已经撤离作业现场；拆除安全围栏、警示牌，整理安全工器具	办理工作终结手续

图 5-21　作业终结

第二节　配电线路停电操作

一、练习活动简介

1. 学员以两个人为一组通过给出的操作任务，分角色扮演操作人、监护人两种角色，在培训实操场演练 10kV 配电线路停电操作流程，并在操作过程中应用"十个规定动作"中的凭票操作的相关要求。

2. 另外一组学员观看整个操作过程，并把操作过程中发现的违章行为记录在任务观察表中。

3. 演练完毕后，组织两组学员在现场进行纠错大讨论，教师总结点评。

4. 演练过程中，学员需穿工作服、工作鞋、戴安全帽。

二、基础知识介绍

（一）术语和定义

1. 电气操作

电气操作是指将电气设备状态进行转换，一次系统运行方式变更，继电保护定值调整、装置的启停用，二次回路切换，自动装置投切、试验等所进行的操作执行过程的总称。

2. 设备的状态

（1）一次设备状态。

运行状态：是指设备或电气系统带有电压，其功能有效。母线、线路、断路器、变压器、电抗器、电容器及电压互感器等一次电气设备的运行状态，是指从该设备电源至受电端的电路接通并有相应电压（无论是否带有负荷），且控制电源、继电保护及自动装置正常投入。

热备用状态：是指该设备已具备运行条件，经一次合闸操作即可转为运行状态的状态。母线、变压器、电抗器、电容器及线路等电气设备的热备用状态是指连接该设备的各侧均无安全措施，各侧的断路器全部在断开位置，且至少一组断路器各侧隔离开关处于合上位置，设备继电保护投入，断路器的控制、合闸及信号电源投入。断路器的热备用状态是指其本身在断开位置、各侧隔离开关在合闸位置，设备继电保护及自动装置满足带电要求。

冷备用状态：是指连接该设备的各侧均无安全措施，且连接该设备的各侧均有明显断开点或可判断的断开点。

检修状态：是指连接设备的各侧均有明显的断开点或可判断的断开点，需要检修的设备已接地的状态，或该设备与系统彻底隔离，与断开点设备没有物理连接时的状态。在该状态下设备的保护和自动装置、控制、合闸及信号电源等均应退出。

（2）二次设备状态。

运行状态：是指其工作电源投入，出口连接片连接到指令回路的状态。

热备用状态：是指其工作电源投入，出口连接片断开时的状态。

冷备用状态：是指其工作电源退出，出口连接片断开时的状态。

检修状态：是指该设备与系统彻底隔离，与运行设备没有物理连接时的状态。

3. 操作票

操作票是保证电气操作按照规定次序依次正确实施的书面依据，是防止发生误操作事故的重要手段。

4. 操作任务

操作任务是指根据同一个操作目的而进行的一系列相互关联、依次连续进行的电气操作过程。

5. 一个操作任务

一个操作任务是指：将一种电气运行方式改变为另一种运行方式；将一台电气设备（或一条线路）由一种状态改变为另一种状态；一系列相

互关联、并按一定顺序进行的操作。

6. 双重命名

双重命名是指按照有关规定确定的电气设备中文名称和编号。

7. 模拟预演（模拟操作）

模拟预演是指为保障倒闸操作的正确和完整，在电网或电气设备进行倒闸操作前，将已拟定的操作票在模拟系统上按照已定操作程序进行的演示操作。

8. 唱票

唱票是指监护人根据操作票内容（或事故处理过程中确定的操作内容）逐项朗诵操作指令，操作人朗声复诵指令并得到监护人认可的过程。

9. 复诵

复诵是指将对方说话内容进行的原文重复表述，并得到对方的认可。

（二）操作票执行的一般原则

（1）只有持有填写正确、生效的操作票，在接到调度下达的操作指令后才能进行倒闸操作，严禁将操作预令当作正式的调度指令执行。

（2）操作票应严格执行"三审"制度，填票人（操作人）、审核人（监护人）、值班负责人签名后生效，不得漏签，在操作票上各栏内签名的人员均按照其签名位置承担对应责任。

（3）执行电气操作时，操作监护人和操作人应有良好精神状态并严格执行唱票复诵。进行每项操作时，先由操作监护人按操作项目内容高声完整唱票，操作人手指被操作设备及操作方向高声复诵，可只复诵操作动词和设备数字编号（如：断开 5012 开关），监护人确认无误后说："对，执行"，操作人才进行操作。

（4）操作中严禁跳项、漏项、倒项操作。

（5）每项操作后，监护人应立即在该项对应栏作"√"记号，然后进行下一项操作。作"√"记号时可使用蓝、黑或红色笔。

（6）操作人在执行倒闸操作之前应坚持"三对照"：①对照操作任务和运行方式填写操作票；②对照模拟图审查操作票并预演；③对照设备名称和编号无误后再进行操作。

（7）操作人在执行倒闸操作时应坚持"五不干"：①操作任务不清楚不干；②应有操作票而无操作票时不干；③操作票不合格不干；④无监护人监护不干；⑤现场设备标识（命名、编号、合分指示、旋转方向指示、切换方向指示）不清楚不干。

（8）在执行倒闸操作时应坚持"三禁止"：①禁止监护人直接操作设备；②禁止有疑问时盲目操作；③禁止边操作边做其他无关事项。

（9）在执行倒闸操作之后应坚持"三检查"：①检查操作质量；②检查运行方式；③检查设备状况。

（10）在操作过程中，禁止使用私人移动电话，可以使用工作移动电话或对讲机进行与工作有关的远方通话，通话前应先停止相关操作，通话中不得谈论与操作无关的事项。

（三）电气操作流程

电气操作流程如图 5-22 所示。

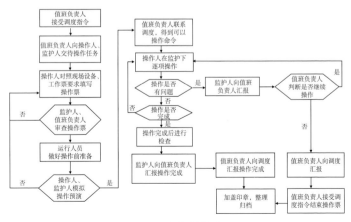

图 5-22　电气操作流程

三、电气操作准备

（一）值班负责人接受调度指令

如图 5-23 和图 5-24 所示。

图 5-23　接受调度指令　　　　图 5-24　交待操作任务

（二）值班负责人向操作人、监护人交待操作任务

（三）准备操作票

（1）填写操作票。操作人根据操作任务和运行方式，对照接线图、现场设备填写操作票，一份操作票只能填写一个操作任务，操作项目不得并项填写，一个操作项目栏内只应该有一个动词。如图 5-25 和图 5-26 所示。

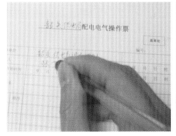

图 5-25　填写操作票　　　　图 5-26　"三审"操作票

（2）"三审"操作票。操作票应严格执行"三审"制度，填票人（操

75

作人）自审、审核人（监护人）初审、值班负责人复审。

（四）准备操作工器具

操作工器具包括绝缘手套、绝缘靴、验电器、绝缘操作棒等。如图 5-27 所示。

图 5-27　准备操作工器具

（五）检查工器具

1. 检查绝缘手套

如图 5-28 所示。

电压等级	试验日期	气密性及外观
根据工作范围选择相应的绝缘手套	检查绝缘手套试验合格证试验日期是否在有效期内	使用前先进行外观检查，外表应无磨损、破漏、划痕等

图 5-28　检查绝缘手套

2. 检查绝缘靴

如图 5-29 所示。

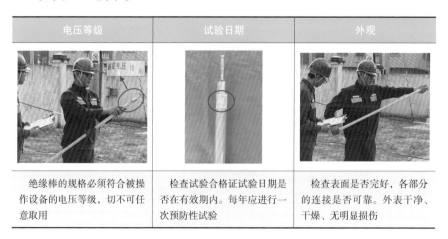

电压等级	试验日期	鞋底及外观
根据工作范围选择相应的绝缘手套	检查试验合格证试验日期是否在有效期内，若不在试验合格的有效期内，则不能使用	使用前先进行外观检查，外表应无磨损、破漏、划痕、靴底无裂纹等

图 5-29　检查绝缘靴

3. 检查绝缘杆

如图 5-30 所示。

电压等级	试验日期	外观
绝缘棒的规格必须符合被操作设备的电压等级，切不可任意取用	检查试验合格证试验日期是否在有效期内。每年应进行一次预防性试验	检查表面是否完好，各部分的连接是否可靠。外表干净、干燥、无明显损伤

图 5-30　检查绝缘杆

77

（六）模拟操作

操作任务：将 110kV×× 站 10kV 培训基地线 1 号杆 1T1 开关后段线路由运行状态转为冷备用状态。

倒闸操作前操作人、监护人对照模拟图审查操作票并预演。如图 5-31 和图 5-32 所示。

图 5-31　操作票　　　　　　　图 5-32　模拟操作

1. 操作执行中

（1）值班负责人联系调度，得到调度可以操作的命令。如图 5-33 所示。

图 5-33　值班负责人联系调度

（2）操作人在监护下逐项操作。

1）监护人唱票，操作人复诵。电气操作应根据监护人的指令进行。操作时必须执行唱票复诵制度。操作人在监护下核对设备名称、编号、标识无误，并得到监护人确认后再进行操作。

2）逐项操作。执行操作票应逐项进行，逐项打"√"，严禁跳项、漏项、倒项操作，每项操作完毕后，应检查操作质量。对于第一项、最后一项应记录实际的操作时间。如图 5-34 ～图 5-37 所示。

1. 核对 10kV 培训中心线 2 号杆 2T1 开关位置及设备名称、编号正确	2. 检查 10kV 培训中心线 1 号杆 1T1 开关 SF₆ 气压表气压正常

图 5-34 操作人在监护下逐项操作

3. 断开 10kV 培训中心线 1 号杆 1T1 开关	4. 检查 10kV 培训中心线 1 号杆 1T1 开关在分闸位置

图 5-35 操作人在监护下逐项操作

5. 拉开 10kV 培训中心线 2 号杆 1T12 隔离开关	6. 检查 10kV 培训中心线 2 号杆 1T12 隔离开关在拉开位置

图 5-36　操作人在监护下逐项操作

7. 拉开 10kV 培训中心线 1 号杆 1T11 隔离开关	8. 检查 10kV 培训中心线 1 号杆 1T11 隔离开关在拉开位置

图 5-37　操作人在监护下逐项操作

2. 操作结束

操作票的操作项目全部结束后,监护人应立即在操作票上填写结束时间,并向发令人汇报操作结果。如图 5-38 ~图 5-40 所示。

汉水供电局　配网电气操作票

盖章处

编号:1500011

发令单位	汉水配调	发令人	林高
受令人	柯明	受令时间	2015年2月15日9时33分
操作开始时间	2015年02月15日09时33分	操作结束时间	2015年02月15日09时45分
操作任务	将110kV良丰变电站10kV培训中心线#2杆2T1开关后段线路由运行状态转为冷备用状态		

操作√	顺序	操 作 项 目
√	1	核对 10kV 培训中心线#2 杆 2T1 开关位置及设备名称、编号正确;
√	2	检查 10kV 培训中心线#2 杆 2T1 开关 SF₆ 气压表气压正常;
√	3	断开 10kV 培训中心线#2 杆 2T1 开关;
√	4	检查 10kV 培训中心线#2 杆 2T1 开关在分闸位置;
√	5	拉开 10kV 培训中心线#2 杆 2T12 刀闸;
√	6	检查 10kV 培训中心线#2 杆 2T12 刀闸在拉开位置;
√	7	拉开 10kV 培训中心线#2 杆 2T11 刀闸;
√	8	检查 10kV 培训中心线#2 杆 2T11 刀闸在拉开位置。
		以下空白
备注:		

操作人	林海日	监护人	柯明	操作班负责人	王汉

图 5-38　操作票上填写结束时间

图 5-39　监护人向值班负责人汇报操作完成

图 5-40　值班负责人向调度汇报操作完成

练习思考题五

一、填空题（每题2分，共12分）

1. 配电线路直线杆的绝缘子用于_____、_____或杆（塔）的绝缘，以及固定导线、承受导线的垂直和水平荷载作用。

2. 一次设备状态是指_____、热备用状态、_____、检修状态。

3. 操作人在执行倒闸操作之前应坚持"三对照"：①_____；②对照模拟图审查操作票并预演；③_____。

4. 操作票应严格执行"三审"制度，填票人（操作人）_____、审核人（监护人）_____、值班负责人_____。

5. 在执行倒闸操作时应坚持"三禁止"：①_____；②禁止有疑问时盲目操作；③_____。

6. 在执行倒闸操作之后应坚持"三检查"：①_____；②检查运行方式；③_____。

二、选择题（每题2分，共8分）

1. 操作票是保证（　　）按照规定次序依次正确实施的书面依据，是防止发生误操作事故的重要手段。（　　）

A．验电操作　B．电气操作　C．接地操作　D．作业人员

2. （　　）是指根据同一个操作目的而进行的一系列相互关联、依次连续进行的电气操作过程。

A．操作任务　B．作业任务　C．工作任务　D．停电操作

3. 完成许可范围内的安全措施后，工作许可人应向工作负责人进行交底，交代（　　）。

A．设计图纸

B．天气状况

C．工作内容

D．工作范围、已实施的安全措施及其他安全注意事项

4．（　　）是指将一种电气运行方式改变为另一种运行方式；将一台电气设备（或一条线路）由一种状态改变为另一种状态；一系列相互关联、并按一定顺序进行的操作。

A．操作任务　　　　　　　B．一个操作任务

C．工作任务　　　　　　　D．作业任务

三、判断题（每题 2 分，共 10 分）

1．工作负责人在工作许可人的带领下进入工作现场，查看现场安全措施是否满足工作要求，并办理作业许可手续。（　　）

2．检修状态是指连接设备的各侧均有明显的断开点或可判断的断开点，在该状态下设备的保护和自动装置、控制、合闸及信号电源等均应退出。（　　）

3．复诵是指将对方说话内容进行简要重复表述，并得到对方的认可。（　　）

4．操作票应严格执行"三审"制度，填票人（操作人）初审、审核人（监护人）复审、值班负责人三审。（　　）

5．所有工作人员清楚明白交底内容并签名确认后，方可开始工作。（　　）

四、问答题（每题 5 分，共 5 分）

简述 10kV 架空线路停电更换直线绝缘子作业工作终结的要点。

五、案例分析题（每题 10 分，共 20 分）

分析下列案例发生的原因，并提出相应的预控措施。

【案例一】 2009 年 × 月 × 日，×× 供电局操作班李某、张某在执行送电操作时，在拉开接地刀闸时，没核对开关的名称、位置，凭印象

对其中一个开关柜进行操作，误拉开了旁边的接地刀闸。操作人认为已正确完成操作，而监护人又没有认真复核设备名称、位置。操作完毕，向调度员报告工作完毕，可以恢复送电。结果导致线路带接地刀闸合开关的恶性电气误操作事故。

【**案例二**】 2005 年 × 月 × 日，×× 供电所操作人李某、操作监护人黄某在接到调度对 10kV×× 开关柜 G03 开关由检修状态转为运行状态的命令后，操作人李某、操作监护人黄某均未认真检查 G03 开关 SF_6 压力表的指示值，即进行操作。当时 G03 开关 SF_6 气体泄漏，压力低于允许值范围操作时，10kV×× 开关柜 G03 开关爆炸，引起变电站 10kV 线路开关跳闸。

练习思考题答案

练习思考题一答案

一、填空题

1．口头命令；禁止

2．工作负责人；线路图、编号

3．安全措施；签发

4．事故处理；拉开电房唯一已合上的一组接地刀闸或拆除仅有的一组接地线

5．现场设备；一个

6．操作人；监护人

7．检查运行方式；检查操作质量

二、选择题

1．B 2．A 3．A 4．B 5．C 6．C

三、判断题

1．错 2．错 3．对 4．错 5．错 6．对

四、问答题

1．答：电气工作票是指在已经投入运行的电气设备上及电气场所工作时，明确工作人员、交待工作任务和工作内容，实施安全技术措施，履行工作许可、工作监护、工作间断、转移和终结的书面依据。

凭票工作是保证安全的组织措施之一，运用组织机构和人员设置，通过多人在不同工作环节履行各自安全职责，层层把关来保证工作安全。

2．答：操作票是保证电气操作按照规定次序依次正确实施的书面依

据，是防止发生误操作事故的重要手段。

凭票操作是保证安全的组织措施之一，运用组织机构和人员设置，通过多人在不同工作环节履行各自安全职责，层层把关来保证操作安全。

五、案例分析题

案例一参考答案：

1. 原因分析

（1）作业人员没有严格执行工作票的内容，擅自扩大工作范围，误登带电设备；

（2）工作负责人违反规程，没有履行监护职责而直接参与作业，使工作过程失去安全监护；

（3）工作班成员对擅自扩大工作范围的行为没有拒绝。

2. 预控措施

（1）停电检修作业过程中，严禁超出工作票规定的工作范围工作，超出工作票规定范围的工作应重新办理工作票；

（2）工作期间工作负责人（监护人）必须始终在工作现场，对工作班人员的安全认真监护，及时纠正不安全行为。

练习思考题二答案

一、填空题

1. 白色；红色；黄色；蓝色；浅蓝色

2. 通风；半年

3. 物理、化学；个人防护用品

4. 纯棉、熔融

5. 尼龙、烧伤程度

二、选择题

1．B　2．B　3．A　4．C　5．A　6．C　7．B　8．B

三、判断题

1．对　2．对　3．对　4．对　5．错　6．错　7．对　8．错

四、问答题

1．答：

要点1：进入现场必须戴安全帽。

要点2：使用前检查、使用时正确佩戴、使用后妥善保管。

2．答：

要点1：高处作业必须系安全带；凡在离地面2m及以上的地点工作，应使用双保险安全带；使用3m以上安全绳时，应配合缓冲器使用；当在高空作业，活动范围超出安全绳保护范围时，必须配合速差式自控器使用。

要点2：使用前进行检查，使用时系好挂牢、不失保护，使用后妥善保管。

五、案例分析题

案例一参考答案：

1．原因分析

李某违反"任何人进入生产、施工现场必须正确佩戴安全帽"的规定，在作业范围内摘下安全帽，使头部失去安全保护，遇到高空坠物致伤。

2．预控措施

任何人进入生产、施工现场必须正确佩戴安全帽。

案例二参考答案：

1．原因分析

（1）林某在电杆上作业时，安全带安全绳没有系在电杆上方抱箍或

线码固定可靠的位置，导致林某失足跌落时，失去安全绳保护；

（2）未正确佩戴安全带，安全带受力点系在臀部，导致人体坠落过程中重心翻转，头部着地导致伤亡。

2．预控措施

凡在离地面 2m 及以上的地点工作，应使用双保险安全带；安全带的受力点宜在腰部与臀部之间位置，严禁将安全带挂在不牢固或锋利的物件上。

练习思考题三答案

一、填空题

1．位置、名称、编号

2．拉开低压侧刀闸、拉开跌落式熔断器、拉开高压侧刀闸、在跌落式熔断器和低压侧刀闸上悬挂

3．停电、验电、挂接地线

4．工作票制度、工作许可制度、工作监护制度

5．尽快查出事故地点和原因，消除事故根源，防止扩大事故、尽量缩小事故停电范围和减少事故损失。

二、选择题

1．C　2．D　3．C　4．B　5．D　6．D　7．B　8．B
9．B　10．C　11．B　12．B　13．B　14．B　15．A
16．B　17．B　18．B

三、判断题

1．对　2．错　3．对　4．对　5．对　6．对　7．对
8．对　9．对　10．对　11．对　12．对　13．错　14．对

四、问答题

1．答：

要点1：必须停电的设备停电措施一定要落实。

要点2：切断所有可能来电电源，注意做到"5要"。

1要：停电操作前，操作人和监护人要核对设备位置、名称、编号、运行状态。

2要：操作时要两人执行，一人操作一人监护。

3要：操作完成后要检查断开后的断路器、隔离开关是否在断开位置；并应在断路器（开关）或隔离开关（刀闸）操作机构上悬挂"禁止合闸，线路有人工作！"的标示牌。

4要：跌落式熔断器（保险）的熔断管要摘下。

5要：更换户外式熔断器的熔丝或拆搭接头时，要在线路停电后进行，如需作业时必须在监护人的监护下进行间接带电作业，但严禁带负荷作业。

2．答：

要点1：接地前必须先验电。

停电的设备或线路工作地段接地前，要先验电，验明确无电压后方可接地。

要点2：验电前先检查验电器。

先检查电压等级，再检查试验合格证，后检查性能及外观。

要点3：验电时正确操作。

（1）验电操作前，核对杆号位置、名称、编号正确；

（2）明确的验电位置；

（3）一人验电，一人监护；

（4）合适的站立位置；

（5）戴绝缘手套，手握验电器的护环以下部位；

（6）正确的验电顺序。

线路的验电应逐相进行，先验低压，后验高压；先验下层，后验上层；先验距离人体较近的，后验距人体较远的。

3．答：

要点1：停电检修必须做足接地措施。

停电检修作业，当验明设备或线路确无电压后，操作人应立即在验电点接地。凡是有可能送电到停电设备的各端或停电设备上有感应电压时，都必须装设接地线，要使所有工作地点均处于接地线保护范围内。

要点2：接地前先检查接地线，接地时正确操作。

（1）装接地线之前必须验电；

（2）一人操作，一人监护；

（3）合适的站立位置；

（4）戴绝缘手套，手握接地绝缘杆的护环以下部位；

（5）要先接接地端，后接导线端；先挂低压，后挂高压；先挂下层，后挂上层。拆接地线时的顺序与此相反。

五、案例分析题

案例一参考答案：

1．原因分析

（1）在线路没有停电的情况下，实施低压导线收线作业，导致不慎触碰带电导线裸露部分。

（2）带电作业过程没有监护，使得不安全行为得不到及时制止。

2．预控措施

按照规定应停电作业的工作必需落实停电措施后方能作业，严禁带电放线、收线、松线、紧线。作业过程应设置监护人，及时纠正作业人员的不安全行为。

案例二参考答案：

1. 原因分析

（1）挂接地线前没有验电，造成带电接地的恶性误操作事故。

（2）现场监护不到位，未及时制止梁某的不安全行为。

2. 预控措施

接地前必须对线路进行逐相验电；监护人现场必须认真监护，及时纠正作业人员的不安全行为。

案例三参考答案：

1. 原因分析

工作地段未挂接地线，使工作人员失去接地线的保护，在用户发电机发电反送电情况下，造成邓某人身触电伤亡。

用户发电机没有使用双投开关，致使发电时向市电线路反送电。

2. 预控措施

凡是有可能送电到停电设备的各端或停电设备上有感应电压时，都必须装设接地线，使工作地点均处于接地线保护范围内。

用户发电机必须使用双投开关，确保发电机发电时不会向市电线路反送电。

练习思考题四答案

一、填空题

1. "两票"；"三宝"；"四措"

2. 工作负责人；工作班成员

3. 工作范围；安全措施

4. 工作时间；工作任务；停电范围；工作地段

5. 清楚明白；签名

二、选择题

1. C 2. A 3. D 4. B

三、判断题

1. 对 2. 对 3. 对 4. 对

四、问答题

答：

要点1：先交底后工作

（1）完成许可范围内的安全措施后，工作许可人应向工作负责人进行交底，交代工作范围、已实施的安全措施及其他安全注意事项；

（2）施工作业前，工作负责人必须向工作班成员进行现场安全技术交底；

（3）两个及以上班组共同工作时，应填用分组工作派工单与工作票一并使用，指定小组负责人，由工作负责人向各小组负责人交底，再由小组负责人向各工作班组成员交底。

要点2：交底内容要齐全，清楚明白才干活

交底时，全体班组人员列队点名，工作负责人负责检查工作班人员精神状态，宣读工作票内容，包括工作时间、工作任务、停电范围、工作地段、工作要求的安全措施、保留的带电线路或带电设备、其他注意事项，明确分工和责任。必须在所有工作人员清楚明白交底内容并签名确认后，方可开始工作。

五、案例分析题

案例一参考答案：

1. 原因分析

（1）工作负责人现场交底时，没有集中所有班组成员进行交底，导致谭某不清楚工作地点邻近的带电部位等注意事项，擅自扩大工作范围，以致触电伤亡；

（2）现场监护不到位，未及时制止谭某的不安全行为。

2. 预控措施

（1）交底时，全体班组人员应列队点名，工作负责人进行安全技术交底，交底内容必须齐全、有针对性，必须在所有工作人员清楚明白交底内容并签名确认后，方可开始工作；

（2）监护人现场必须认真监护，及时纠正作业人员的不安全行为。

练习思考题五答案

一、填空题（每题 2 分，共 12 分）

1. 导线间；导线与地

2. 运行状态；冷备用状态；检修状态

3. ①对照操作任务和运行方式填写操作票；③对照设备名称和编号无误后再进行操作

4. 自审；初审；复审

5. ①禁止监护人直接操作设备；③禁止边操作边做其他无关事项

6. ①检查操作质量；③检查设备状况

二、选择题（每题 2 分，共 8 分）

1. B 2. A 3. D 4. B

三、判断题（每题 2 分，共 10 分）

1. 对 2. 错 3. 错 4. 错 5. 对

四、问答题（每题 5 分，共 5 分）

答：

1. 清点工器具及材料无遗留，清点接地线数量，确认所有接地线已经拆除；

2. 确认所有工作人员已经撤离作业现场；拆除安全围栏、警示牌，整理工器具；

3. 工作负责人办理工作终结手续。

五、案例分析题（每题 10 分，共 20 分）

案例一参考答案：

1. 原因分析

（1）由于操作人未认真核对被操作设备名称位置，走错间隔，错误地拉开另一间隔接地刀闸，需拉开的接地刀闸仍在合上位置，造成事故；

（2）监护人监护失职，没有认真复核设备名称、位置；未能及时发现操作人员走错间隔、操作后未认真核对设备情况就通知调度送电。

2. 预控措施

进行设备倒闸操作时，应核对设备名称、编号、位置与运行方式。

案例二参考答案：

1. 原因分析

操作人李某、操作监护人黄某操作前未认真检查 G03 开关 SF_6 压力表的指示情况。

2. 预控措施

（1）操作前必须认真检查 SF_6 开关压力表，当低于允许值范围时禁止操作；

（2）加强开关的定期检查维护工作，确保开关本体和操作机构完好可靠。

参 考 文 献

新入职企业员工系列培训教材 电力安全基本技能. 许庆海编，北京：中国电力出版社. 2012.4